U0163409

電子工業出版社
Publishing House of Electronics Industry
北京·BEIJING

来之不易的咸

盐，咸味最初的来源

说到“咸味”，我们的脑海中自然会浮现出一种调味品——盐。

先秦文献《世本》中记载了发现海盐的故事：黄帝时期有个名叫宿沙的人，他把海水倒入陶器中熬煮，待水蒸发后，罐底留下了青、黄、白、黑、紫五种颜色的咸味颗粒。从此，宿沙部落便扩大规模生产海盐，宿沙氏也被誉为“盐宗”。

因为盐既能调味，又能提供钠离子，保证人体神经系统正常运转，是百姓不可或缺的日常用品，所以盐的生产和贸易能带来巨大利润，一直被朝廷严格把控。汉代实行官盐政策，私自制盐的人会受到处罚；唐代宝应年间，盐铁改为民间制造，官府统购，批发专卖。盐业收入已经占据政府总收入一半之多。

1. 用刀剔除猪大腿上的血污，将肉与盐按照 16:1 的比例准备好。

2. 将草鞋搓软当作手套，以防止皮肤直接触碰，导致肉变腐坏。现在我们有专用的手套代替草鞋。

3. 均匀撒盐，并给猪腿做“按摩”，直到盐完全浸到肉内为止。

盐是天然防腐剂

在没有冰箱的古代，盐也能起到防腐的作用。它能抑制和消灭部分微生物，让食物保存得更长久。比如南方人常吃的火腿，就是通过浸盐的方式加工出来的。

4. 将猪腿肉存入缸中，再用石头压住缸盖，放置 20 天左右。

5. 最后把猪腿悬挂在燃烧的柴堆上，用烟熏烤一整夜，增添火腿的风味。食用前，用清水洗净再加工即可。

内陆吃盐靠打井

四川自贡，自古就是井盐的出产地。从地下深处采来的带有盐分的卤水，为西南地区提供了充足的食盐。

由于卤水与泥土混在一起，打盐井时，必须用扇泥筒把泥土一点点地抽上来才行。有些深达千米的盐井，仅是抽土就要花上半年的时间。千辛万苦挖好井后，才能进行后续的采盐和炼盐。

海边吃盐靠晒

居住在海边的盐工在会涨潮的岸边修建盐田，并牢记海水的涨退时间，定期前来收集浸泡过海水的高盐度泥土，再放到日光下曝晒就能提取盐晶了。

酱也能提供咸味

除了盐，酱同样带有咸鲜味。中国最早的酱是肉酱，距今至少有三千年的历史。早期的酱是酒、肉和盐放在一起制成的，味道很好。在周代，酱是帝王和贵族的美食，并没有进入普通民间。据传说，周天子举办的宴会上，曾出现过几十种酱！

对先秦人来说，吃酱得注意优雅的仪态。请客时，主人要把酱摆在离客人近的那侧；客人品尝酱时，不能直接端起酱碟子，得用筷子挑一点细细品尝。

孔子总结了自己多年的心得，制定了六种肉酱搭配标准，还提出君子有“十不食”，其中一条就是“食物和酱料不搭配，君子不吃”。

老百姓的调味神器

西汉之后，酱变成了百姓喜爱的调味料，最受欢迎的豆酱更是延续至今。豆酱是由黄豆、米面和盐搅拌后产生的微生物发酵而成的，能用来炒菜和拌饭。

打酱油

制造酱的过程中，衍生出了酱油。最早的“酱油”名称出现在宋代。秦汉时，已有类似酱油的调味料，又叫豉汁，即煎煮出的咸豆水，可以用来拌菜。

和现代超市里售卖的包装酱油不同，古人吃酱油要用瓶子去酱油铺里“打”来。清代的酱油铺一般是白墙黑瓦，上有“酱园”二字，前面店铺售卖各式散装酱油、酱料，后院放置着几十只大酱缸。

酱
我娘说要打三勺酱油，今天中午炖红烧肉呢！
我家蒸鲈鱼，打两勺酱油提提鲜就够了。
这么小的孩子，会买错斤数吗？
放心，店家会用竹勺舀起酱油，通过漏斗灌进客人自带的容器里，就算是小孩子，也能根据"几勺"判断是否足量的。

酸得有滋有味

酸酸的梅子

周代人认为，梅子的价值和盐相当。他们在烹饪鱼肉和猪肉前会先用梅子去腥，吃饭时还要用它来调味。

此外，梅子还是古人的“口香糖”和“醒酒药”。据说南陈永阳王有一次喝到酩酊大醉，仆人喂了他20粒蜜浸乌梅便清醒了过来。

梅能生津

《世说新语》中记载，曹操率军赶路时，士兵们感到口渴难忍，不禁放慢了脚步。曹操怕贻误战机，便鼓劲道：“我知道前面有一大片梅林，大家再加把劲儿，马上就能吃到又大又酸的梅子了！”士兵们一听，纷纷口水直流，缓解了口渴。

这“望梅止渴”可不是空穴来风，李时珍就证明了梅子有生津止咳的妙用。

一起来做梅子酱

梅子酱浓缩了梅子的精华，可让人同时品尝到果肉和酸溜溜的汁液。

直到今天，我们依然在用梅子酱来搭配烧鸭和烤排骨等食材，清香酸甜的汁水能完美地中和肉的油腻。

酒渣发霉成了醋

醋诞生于 3000 多年前。传说杜康的儿子黑塔舍不得丢掉酿酒剩下的酒渣，就把它们放到瓦罐中储藏。结果 21 天后，瓦罐中散发出一股酸涩的味道，还分泌出了一摊透明的液体。黑塔尝了一口，感觉酸中带有米香，便为之取名“醋”。

后来，古人开始用豆子、大米、乌梅、酒和蜂蜜等食材酿醋，以寻求不同的风味。这里呈现的就是《齐民要术》中米醋的酿制方法。

酿醋得先挑好日子，
农历七月气温升高，
粮食可以迅速发酵，
是酿醋的最佳时机！
黄历
1. 按照1:3:3的比例，备好发酵的大米、煮熟的粟米和井水。
2. 放米入坛，灌入井水，铺上粟米后封坛静置。
3. 7天后，开封注入井水；14天后，再次注入井水。
4. 静待一段时日，米醋便酿成了。在醋缸旁准备一只专用的水瓢，以保持缸内不被污染。

醋能怎么吃

回望先秦时期到清代，从来不缺少用醋烹调的美食，还衍生出了“醋熘”“糖醋”等口味。

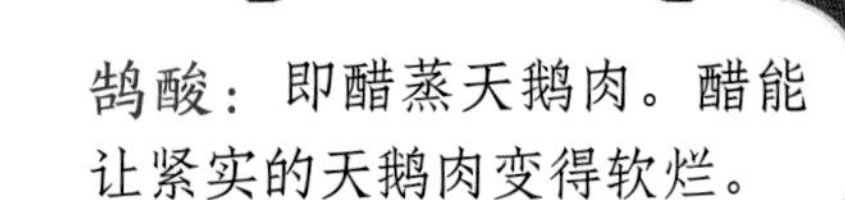

鹄酸：即醋蒸天鹅肉。醋能让紧实的天鹅肉变得软烂。

酸野：相传秦始皇修建灵渠时，为广西带来了腌制酸菜的技术。当地人在腌制的过程中加入米醋和糖，使食物更加酸脆可口。

猪蹄酸羹：即酸咸口的猪蹄汤，汤中较重的调料味能掩盖猪肉的腥臊味。

醋芹：醋芹是唐代的下酒菜，魏征很爱吃，李世民曾招待他吃过三碗。

西湖醋鱼：“醋熘”的做法诞生于清代，当时杭州酒家皆以酸甜的“西湖醋鱼”作为自家招牌。

这些食材也酸味十足

酸菜：三千年前就有了将蔬菜入盐腌渍的吃法，称作“菹（zū）”。后来秦末战乱中又诞生了一种浆水菜，只要将芹菜、萝卜或白菜用水烫熟，再令其发酵即可，无论是炒菜、拌饭还是浇面食用都很可口。

山楂：山楂除可调味外，还是一剂药材。相传宋光宗曾为重病在床的黄贵妃求来一道用冰糖熬煮山楂的药方，后来流传到民间，老百姓把冰糖山楂穿成串儿售卖，就成了我们现在也能吃到的糖葫芦。

酸茶：云南德昂族会将新鲜的茶叶煮熟并放在阴暗处让其自然发霉，再收集起来放进竹筒里，埋入地下储藏。待一个月后拿出来时，茶叶就变成黑黝黝的样子了，并伴有一股酸味。

煞费苦心只为甜

甜味难得

甜味在古代非常珍贵。据《三国志》记载，袁术落魄后，口渴难耐，向身边人讨蜂蜜水喝，却得到“蜜水没有，只有血水”的粗鲁回复。袁术不禁感慨自己一朝失势，已经没有喝蜂蜜水的资格了，越想越气，最后吐血而亡。

食糖小史

商 商代时，出现了用米和麦芽熬煮而成的饴糖。

春秋 春秋时期，楚国人将甘蔗榨汁，用来给烤肉调味。

战国时期，古人获取甜味的主要来源是枣、栗子、天然蜂蜜和饴糖等。

唐代以前的蔗糖靠印度输入，曹丕曾将蔗糖作为礼物送给孙权。

唐太宗和唐高宗都是爱糖之士，曾特地派人到印度学习蔗糖和红砂糖的制作技术。

唐代一位邹姓和尚研发了冰糖制作技术，并在四川遂宁传播开来。

明代“黄泥水淋制法”横空出世，人们终于吃上了细腻的白砂糖。

古代三种甜味来源

蜂蜜：想要获得天然蜂蜜是一件辛苦而危险的事。采蜂人要先全副武装，用纱帛罩头，皮具护手，面涂薄荷，再用艾草熏巢驱赶蜂群，这样才能趁机割下蜂巢，再获取蜂蜜。而有些蜂巢挂在陡峭的悬崖之下，人们不得不远程操作，将竹竿一头接上木桶，另一头插入蜂巢，等待蜂蜜顺着竹竿流入桶内。

饴糖：宋代人发明了许多吃饴糖的方式。比如用糖浆画“糖画”；将饴糖吹成气球状，再捏出各种造型的“糖人”；还有一种是将饴糖灌入模具，制成各种人物和小动物形状的“乳糖”。

白糖：洁白的砂糖，在明代却是用泥巴水提炼出来的。先放置一口装有漏斗的缸，并在漏斗口处塞满稻草，再把由甘蔗汁炼成的黑砂糖倒入斗中，用黄泥水一遍遍浇淋，这样黑渣便会流入下面的缸中，漏斗壁上则留下白糖。

让人欲罢不能的辛辣

和后来才引入的胡椒、辣椒不同，花椒是中国的“原住民”。由于早期在四川地区被广泛种植，使得花椒又有“蜀椒”之称。

人见人爱的花椒

古代的辣也叫作“辛”，是一种通过对舌、口腔和鼻腔造成刺激而产生的辛辣、刺痛、灼热的感觉，像我们常见的葱、姜、蒜都属于辛味调料。当时，出场率最高的辛味调料是花椒。除了烹饪，人们在喝茶泡酒时也会丢入两粒，让味道变得更有层次。

花椒还是浪漫的礼物，古人想表白又不好意思说出口时，就送对方一束花椒作为暗示。宫廷中还有一种用加了花椒的泥土筑造的宫殿，叫作“椒房”，汉朝的皇后大多住过，椒房也因此成为皇后的代称。

价值千金的胡椒

胡椒一来到中国就受到众星捧月般的待遇。据《博物志》记载，西晋时期有一种用胡椒泡制的酒，只有达官贵人才能享用。到了明代，胡椒的好处人尽皆知，厨子用它做菜，大夫用它配药，方士用它炼丹，朝廷也严格把控胡椒贸易，导致从印度低价收购来的胡椒，回到国内售卖利润翻了一百多倍。因此，当时的有钱人大量囤积胡椒，导致市面上“一椒难求”。太监钱宁被抄家时，就从他家里搜出了 21 吨重的胡椒，大约 3500 石！

注：石为古代计量单位，1石=29.95千克。

后来居上的辣椒

辣椒本来生长在美洲，直到明代末年才沿着欧亚海上贸易之路来到中国。初时，辣椒先是被文人当成观赏植物；直到清代康熙年间，才被土家族和苗族当作盐的代替品送入厨房；此后，人们总算知道了辣椒入菜的厉害。

此外，古人还发现了它的另一妙用——镇痛。辣椒素可以减少传达痛感的递质，使人对疼痛的感觉减弱，于是郎中们会拿它来做止痛药。

辣的代替品

茱萸：茱萸的味道接近辣椒，是六味中辣的主要来源。古人认为茱萸可以驱邪祛病，常在重阳节时，将它别在鬓边或装在香袋里。

芥末：芥末酱早在周代就有，人们将芥菜种子碾粉兑水制成芥末酱，用激烈的味道中和鱼腥味。后来传到日本，作为当地一种主要饮食调料流行至今。

扶留藤：用扶留藤做成的红色蒟（jǔ）酱是一种神秘又昂贵的食品，曾经一罐价值50两黄金。

最初古人吃的菜都是用水煮出来的，但水的沸点只有 100℃，要煮上很久食物才会熟；而油的沸点在 200℃以上，很快就能让食物熟透。

最早用来做饭的油大多是从鱼的肝脏和猪、牛等哺乳动物身上提炼出来的。像“周八珍”中就用到了不少动物油：“淳”是先将肉末酱盖到米饭上，再混入融化的脂肪；“肝膋（liáo）”是用网油包裹狗肝烤制而成的……

用猪油炒菜特别香；牛油可以拿来做火锅底料；牛奶中提取的黄油是煎牛排、烤面包的必备品。

动物油在古代有“膏”和“脂”两种叫法，它们有哪些区别？

猪、马这类无角动物的脂肪叫作膏

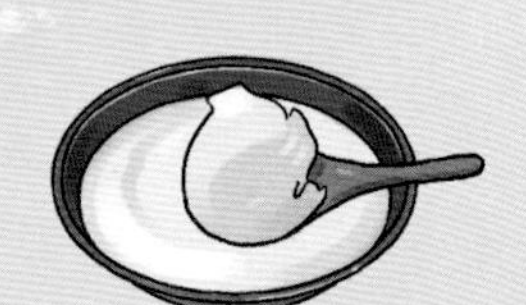

膏是凝固的

牛、羊这类有角动物的脂肪叫作脂

脂是液状的

煎炼过的为膏

膏要用韭菜调和

未加工过的为脂

脂要用大葱调和

“抽”出来的酥油

古人获得油的办法一般是“煮”，即把带有脂肪的动物内脏和生肉放入锅中多次加热，再将漂在汤水表面的油脂收集起来。此外还有一种从牛奶、羊奶中获得的油，提炼方法为“抽”，藏族人吃的酥油就是由此得来的。

植物榨油

由于动物油中含有大量胆固醇，今天我们已经用植物油代替了它的“主要地位”。但在古代，植物油最初却是用来照明的。

西汉时，张骞从西域带回了芝麻种子，人们开始榨取芝麻油做菜。到了宋代，出油率更高、营养价值更丰富的菜籽油取代芝麻油，成为植物油中的“王者”。不过它的加工步骤也更复杂，更耗费油工心力。

5. 入榨：榨油时，随着油锤不断撞击油饼，一缕缕清油顺着油槽流出来。
4. 裹饼：用稻草将蒸熟的粉末包裹成一个个圆饼，装入榨油机。
6. 出榨入缸：当油流尽时，先后撤掉木楔、木桩和变干枯了的油饼，将榨出的清油倒入油缸中密封保存。

油有百用　油在古代是工艺制造和居家必备的物品，人们用红花籽油做灯烛，用蔓菁子油做护发素，即便是味道不佳的大麻籽油，也能拿来当润滑剂和灯油。

▲ 照明：用植物油做成的灯油和蜡烛，同时具备杀虫的功效。

▶ 做化妆品：蔓菁子油、芝麻油等植物油可制成化妆品，用来护发、祛皱。

◀ 做雨伞：桐油、柰（nài）油、杏油、麻油等植物油都可以涂抹到雨伞上，有很好的防水效果。

▼ 造船：将桐油涂抹在船体上，可防止木头腐坏。

▶ 润滑：大麻籽油被当成润滑剂使用，车轮和家宅大门都需要它来润滑。

烹饪的艺术

“水磨工夫”出美味

古人在烹饪一技上，尽情发挥创造力，发明出了数十种手法，它们大多和水、火相关。周代用来祭祀的牛肉羹，就是用水慢慢“磨”出来的。而且用水导热做出来的食物，比用火烤出来的口感更细腻，更易咀嚼。

蒸：把调味后的食材放入器皿或蒸笼中，利用蒸汽使其成熟。

炖：先将食材加工至半熟，再放入加有汤水或调料的锅内盖紧锅盖，用小火慢慢加热。

濯（zhuó）：类似现代的“涮”，将肉片等食材放到沸水里烫熟。

汆（cuān）：将食材加工成丝、片、丸等形状，放入热水中烫熟。

热火朝天的厨艺比拼

讲究烹饪火候的食物，制作速度快、味道重，哪怕隔墙闻到也能让人垂涎三尺。

魏晋之后，烧、烤、炒、爆、熘等十余种与火相关的烹饪技法陆续被研发出来，让食物的口味拥有了更多的层次，并诞生出一大批流传至今的火烹美味，比如醇香红烧肉、香脆炸春卷、小炒肉，等等。

煎：先倒入少量油在锅中加热，再放入食材。烹饪期间需要用铲子不断翻动食物，令两面均匀受热。
炸：将食物放到宽油中加热翻滚，食物外表会变得酥脆，一碰可能就有油渣掉落。
炒：在锅中加油烧热，将食材倒进去后不断翻炒并调味，一盘菜很快就能出锅了。

奇奇怪怪的烹饪手艺

为了品尝到更多特殊的风味，古人还钻研出一些另类的烹饪手法，一般是用泡、熏等方式让已经加工好的食材再次入味。

腌：将食材用食盐摩擦揉搓或放入盐水中浸泡，食物会变得脆爽、咸香。

熏：将经过加工的熟料，用果木、柏树枝、茶叶等燃料烧出的浓烟再次熏制。

冻：将加工好的肉与明胶、肉皮等胶质物混煮，再放凉令其凝结成块，就能得到咸果冻一般的美食。

拌：把食材切成片、丝、块等形状，再加入姜汁、蒜末、糖和辣椒等调味品拌制。

醉：将加工过的虾、蟹放入以酒、醋为主料的调味料中浸泡，味道会变得更加鲜美。

卤：卤汁是用多种调味品和香料精心炼制出来的汤料，可多次利用。现代人常吃的卤味就是将食材用卤汁浸泡或蒸煮出来的。

参观古代厨房

最早的家庭厨房就是一个偌大的庭院，宰牛杀羊的人、烧火炖菜的人和用餐的人都挤在一起，不像今天有厨房、餐厅和吧台的区域之分。

除此以外，古今厨房的运作核心也发生了改变，以柴火为燃料的炉灶是古代厨房的主角，其他炊具都要围绕它进行运作。而现代厨房则可以电力、燃气为中心，可精准地设置烹饪时间和火力大小。

铁锅：元代的铁器冶炼效率提高，铁锅“一统”后厨，成为炒菜的主要用具。

风箱：箱内装有一个连接外面把手的活塞，推拉把手时会产生风力，使灶火燃烧得更旺。

分工明确：古代大户人家的厨房里讲究“各司其职”，洗菜、切菜和煮菜都有不同的人来操作。

砧（zhēn）板：切菜割肉时用的垫板，一般为长方形，下面装有保持平衡的小足。

图书在版编目（CIP）数据
走，去古代吃顿饭. 调味品和厨艺 / 懂懂鸭著. --北京：电子工业出版社，2022.11
ISBN 978-7-121-44427-2

Ⅰ. ①走…　Ⅱ. ①懂…　Ⅲ. ①饮食－文化－中国－古代－少儿读物　Ⅳ. ①TS971.2-49

中国版本图书馆CIP数据核字（2022）第192968号

责任编辑：董子晔
印　　刷：河北迅捷佳彩印刷有限公司
装　　订：河北迅捷佳彩印刷有限公司
出版发行：电子工业出版社
　　　　　北京市海淀区万寿路173信箱　邮编：100036
开　　本：889×1092　1/12　印张：15　　字数：134.75千字
版　　次：2022年11月第1版
印　　次：2022年11月第1次印刷
定　　价：128.00元（全5册）

凡所购买电子工业出版社图书有缺损问题，请向购买书店调换。若书店售缺，请与本社发行部联系，联系及邮购电话：（010）88254888，88258888。

质量投诉请发邮件至zlts@phei.com.cn，盗版侵权举报请发邮件至dbqq@phei.com.cn。

本书咨询联系方式：（010）88254161转1865，dongzy@phei.com.cn。